원큐패스는 수험생들이 **한번**에 **합격**하기를 응원합니다.

KB086238

위험물 산업기사

실기

_____ 은송기 저

특별
부록

이것만 알면 시험 패스!
합격노트

다락원

원소의 주기율표

족(원자가) / 주기	1(+1) (알칼리금속)	2(+2) (알칼리토금속)	3(+3) (붕소족)	4(±4) (탄소족)	5(-3) (질소족)	6(-2) (산소족)	7(-1) (할로겐족)	※	0족 (불활성기체)
1	H 수소								He 헬륨
2	Li 리튬	Be 베릴륨	B 붕소	C 탄소	N 질소	O 산소	F 플루오르		Ne 네온
3	Na 나트륨	Mg 마그네슘	Al 알루미늄	Si 규소	P 인	S 황	Cl 염소		Ar 아르곤
4	K 칼륨	Ca 칼슘		Ge 게르마늄	As 비소	Cr 크롬	Br 브롬	Fe 철	Kr 크립톤
	Cu 구리	Sr Zn 스트론튬 아연		Sn 주석	Sb 안티몬	Mo 몰리브덴	I 요오드	Co 코발트	Xe 크세논
	Ag 은	Ba Cd 바륨 카드뮴		Pb 납	Bi 비스무트	W 텅스텐	Mn 망간	Ni 니켈	Rn 라돈
	Au 금	Ra Hg 라듐 수은							

위험물
산업기사
실기

이것만 알면
시험 패스!
합격 노트

다락원

기초화학

1 열량

① 현열 : $Q = m \cdot c \cdot \varDelta t$

② 잠열 : $Q = m \cdot r$

③ 비열 : $C = Q/m \cdot \varDelta t$

$$\begin{bmatrix} Q : \text{열량(cal, kcal)} & m : \text{질량(g, kg)} \\ C : \text{비열(cal/g} \cdot \text{℃, kcal/kg} \cdot \text{℃)} & \varDelta t : \text{온도차}[t_2 - t_1](\text{℃}) \\ \quad \cdot \text{물} : 1 \quad \cdot \text{얼음} : 0.5 & \\ r : \text{잠열(cal/g, kcal/kg)} & \\ \quad \cdot \text{얼음의 융해잠열} : 80 \quad \cdot \text{물의 기화잠열} : 539 \end{bmatrix}$$

2 밀도와 비중

분자량이 크면 증가한다.

① 밀도$(\rho) = \dfrac{\text{질량(W)}}{\text{부피(V)}}$ (g/l, kg/m³)

- 기체(증기)의 밀도 $= \dfrac{\text{분자량}}{22.4l}$ (단, 0℃, 1기압)

  > 예 산소$(O_2)\rho = \dfrac{32g}{22.4l} = 1.43g/l$

② 비중

- 기체의 비중 $= \dfrac{\text{분자량}}{29}$

  > 예 이산화탄소$(CO_2) = \dfrac{44}{29} = 1.517$

3 기체의 법칙

① 보일의 법칙 : $PV = P'V'$

② 샤를의 법칙 : $\dfrac{V}{T} = \dfrac{V'}{T'}$

③ 보일·샤를법칙 : $\dfrac{PV}{T} = \dfrac{P'V'}{T'}$

$$\begin{bmatrix} \textbf{(반응전)} & \textbf{(반응후)} \\ \cdot P : \text{압력} & \cdot P' : \text{압력} \\ \cdot V : \text{부피} & \cdot V' : \text{부피} \\ \cdot T(K) : \text{절대온도}(273 + \text{℃}) & \cdot T'(K) : \text{절대온도}(273 + \text{℃}) \end{bmatrix}$$

④ 이상기체 상태방정식

$$PV = nRT = \frac{W}{M}RT$$

$$PM = \frac{W}{V}RT \left(\text{밀도}(\rho) = \frac{W}{V}(g/l) \right) = \rho RT$$

$$\begin{bmatrix} P : \text{압력(atm)}, V : \text{체적}(l) \\ T(K) : \text{절대온도}(273 + \text{℃}) \\ R : \text{기체상수}(0.082 \text{ atm} \cdot l/\text{mol} \cdot K) \\ n : \text{몰수}\left(n = \frac{W}{M} = \frac{\text{질량}}{\text{분자량}} \right) \end{bmatrix}$$

4 ─OH(히드록시기), ─COOH(카르복실기)의 반응성

$$\left[\begin{array}{l} R-OH(\text{알코올}) \\ R-COOH(\text{카르복실산}) \end{array}\right] + \left[\begin{array}{l} Na \\ K \end{array}\right] \longrightarrow \text{수소}(H_2\uparrow)\ \text{발생}$$

> **예**
>
> $$2C_2H_5OH + 2Na \longrightarrow 2C_2H_5ONa + H_2\uparrow$$
> (나트륨에틸레이드)
>
> $$2CH_3COOH + 2K \longrightarrow 2CH_3COOK + H_2\uparrow$$
> (초산칼륨)

5 알코올의 분류($R-OH$, $C_nH_{2n+1}-OH$)

① ─OH기의 수에 따른 분류

1가 알코올	─OH : 1개	CH_3OH(메틸알코올), C_2H_5OH(에틸알코올)
2가 알코올	─OH : 2개	$C_2H_4(OH)_2$ (에틸렌글리콜)
3가 알코올	─OH : 3개	$C_3H_5(OH)_3$ (글리세린=글리세롤)

② ─OH기와 결합한 탄소원자에 연결된 알킬기(R─)의 수에 따른 분류

- 1차(R─ : 1개)
- 2차(R─ : 2개)
- 3차(R─ : 3개)

6 금속의 이온화 경향

[금속 이온화 경향의 화학반응성]

구분	크다 ← 반응성 → 작다 K Ca Na Mg Al Zn Fe Ni Sn Pb (H) Cu Hg Ag Pt Au (카 카 나 마) (알 아 철 니) (주 납 수 구) (수 은 백 금)			
상온 공기중에서 산화반응	산화되기 쉽다	금속표면은 산화되나 산화물이 내부를 보호함		산화되기 어렵다
물과의 반응	찬물과 반응하여 수소기체($H_2\uparrow$)를 발생함	수증기와 반응하여 수소 기체를 발생함	물과 반응하지 않음	
산과의 반응	산과 반응하여 수소기체($H_2\uparrow$)를 발생한다.		산화성 산과 반응함 (HNO_3, H_2SO_4)	왕수와 반응함
	제3류(금수성 및 자연발화성 물질)	제2류 위험물 (금수성 물질)	※ 왕수＝HNO_3＋HCl(혼합) 1 : 3	

이온화경향 : 금속(M) > H

① 금속(M)은 물[$H_2O \xrightarrow{\text{전리}} H^+ + OH^-$]과 반응시 수산이온[$OH^-$]과 결합하여 염기성(MOH)를 나타내고 남은 수소이온(H^+)를 밀어내어 수소(H_2)기체를 발생시킨다.

- $2K + 2H_2O \longrightarrow 2KOH + H_2 \uparrow$
- $Mg + 2H_2O \longrightarrow Mg(OH)_2 + H_2 \uparrow$

② 금속은 산(초산, 염산)과 반응하여 수소(H_2)기체를 발생시킨다.

- $2K + 2CH_3COOH \longrightarrow 2CH_3COOK + H_2 \uparrow$
- $Fe + 2HCl \longrightarrow FeCl_2 + H_2 \uparrow$

화재예방 및 소화방법

1 연소의 3요소

① 연소의 3요소는 가연물, 산소공급원, 점화원이며 '연쇄반응' 추가 시 4요소가 된다.

② 가연물이 되기 쉬운 조건

- 산소와 친화력이 클 것
- 발열량이 클 것
- 표면적이 클 것
- 열전도율이 적을 것(열축적)
- 활성화 에너지가 적을 것
- 연쇄반응을 일으킬 것

2 정전기 방지법

① 접지 할 것

② 상대습도를 70% 이상으로 할 것

③ 공기를 이온화 할 것

3 연소의 종류

① 확산연소 : LPG, LNG, 수소(H_2), 아세틸렌(C_2H_2) 등

② 증발연소 : 황, 파라핀(양초), 나프탈렌, 휘발유, 등유 등의 제4류 위험물

③ 표면연소 : 숯, 코크스, 목탄, 금속분(Al, Mg 등)

④ 분해연소 : 목재, 석탄, 종이, 합성수지, 중유, 타르 등

⑤ 자기연소(내부연소) : 질산에스테르, 셀룰로이드, 니트로화합물 등의 제5류 위험물

※ 고체의 연소형태: 증발연소, 표면연소, 분해연소, 자기연소

4 자연발화 방지법

① 통풍을 잘 시킬 것

② 습도를 낮출 것

③ 저장실 온도를 낮출 것

④ 물질의 표면적을 최소화 할 것

⑤ 퇴적 및 수납 시 열이 쌓이지 않게 할 것

5 화재의 분류

종류	등급	표시색상	소화방법
일반화재	A급	백색	냉각소화
유류 및 가스화재	B급	황색	질식소화
전기화재	C급	청색	질식소화
금속화재	D급	–	피복소화

6 소화설비의 능력단위

소화설비	용량	능력단위
소화전용 물통	$8l$	0.3
수조(소화전용 물통 3개 포함)	$80l$	1.5
수조(소화전용 물통 6개 포함)	$190l$	2.5
마른 모래(삽 1개 포함)	$50l$	0.5
팽창질석 또는 팽창진주암(삽 1개 포함)	$160l$	1.0

7 소요1단위의 산정방법

구분	외벽이 내화구조	외벽이 내화구조 아닌 것
제조소 및 취급소	연면적 100m^2	연면적 50m^2
저장소	연면적 150m^2	연면적 75m^2
위험물	지정수량의 10배	

※ 위험물의 소요단위 $= \dfrac{저장(취급)수량}{지정수량 \times 10}$

8 분말 소화약제

종류	주성분	화학식	색상	적응화재	열분해 반응식
제1종	탄산수소나트륨 (중탄산나트륨)	$NaHCO_3$	백색	B, C급	1차(270℃) : $2NaHCO_3 \longrightarrow Na_2CO_3 + CO_2 + H_2O$ 2차(850℃) : $2NaHCO_3 \longrightarrow Na_2O + 2CO_2 + H_2O$
제2종	탄산수소칼륨 (중탄산칼륨)	$KHCO_3$	담자 (회)색	B, C급	1차(190℃) : $2KHCO_3 \longrightarrow K_2CO_3 + CO_2 + H_2O$ 2차(590℃) : $2KHCO_3 \longrightarrow K_2O + 2CO_2 + H_2O$

제3종	제1인산암모늄	$NH_4H_2PO_4$	담홍색	A, B, C급	$NH_4H_2PO_4$ $\longrightarrow HPO_3 + NH_3 + H_2O$ $190℃ : NH_4H_2PO_4$ $\longrightarrow NH_3 + H_3PO_4$
제4종	탄산수소칼륨 +요소	$KHCO_3 + (NH_2)_2CO$	회색	B, C급	$2KHCO_3 + (NH_2)_2CO$ $\longrightarrow K_2CO_3 + 2NH_3 + 2CO_2$

※ 제1종 또는 제2종의 열분해반응식에서 제 몇차 또는 열분해온도가 주어지지 않은 경우 제1차 반응식을 쓰면 된다.

9 할로겐화합물 소화약제(증발성 액체소화약제) : B, C급

구분	할론 1301	할론 1211	할론 2402	할론 1011
화학식	CF_3Br	CF_2ClBr	$C_2F_4Br_2$	CH_2ClBr
상온의 상태	기체	기체	액체	액체

10 불활성가스 소화설비

① 분사헤드의 방사 및 용기의 충전비

구분		전역방출방식			국소방출방식 (이산화탄소)
		이산화탄소(CO_2)		불활성가스	
		저압식(20℃)	고압식(-18℃ 이하)	IG-100, IG-55, IG-541	
분사 헤드	방사 압력	1.05MPa 이상	2.1MPa 이상	1.9MPa 이상	–
	방사 시간	60초 이내	60초 이내	60초 이내 (약제량 95% 이상)	30초 이내
용기의 충전비		1.1~1.4 이하	1.5~1.9 이하	충전압력 32MPa 이하 (21℃)	–

② 불활성가스의 청정 소화약제 함유량(%)

품명 \ 함유량	N_2(질소)	Ar(아르곤)	CO_2(이산화탄소)
IG-01	–	100%	–
IG-100	100%	–	–
IG-55	50%	50%	–
IG-541	52%	40%	8%

③ 저압식 저장용기(CO₂ 저장용기) 설치기준
- 액면계, 압력계, 파괴판, 방출밸브를 설치할 것
- 23MPa 이상의 압력, 1.9MPa 이하의 압력에서 작동하는 압력경보장치를 설치할 것
- 용기내부의 온도를 −20~−18℃ 이하로 유지할 수 있는 자동냉동기를 설치할 것
- 저장용기의 고압식은 25MPa 이상, 저압식은 3.5MPa 이상의 내압시험압력에 합격한 것일 것

11 화학포소화기의 반응식

$$6NaHCO_3 + Al_2(SO_4)_3 \cdot 18H_2O \longrightarrow 3Na_2SO_4 + 2Al(OH)_3 + 6CO_2 \uparrow + 18H_2O$$

12 산·알칼리소화기의 반응식

$$2NaHCO_3 + H_2SO_4 \longrightarrow Na_2SO_4 + 2CO_2 + 2H_2O$$

13 위험물제조소등의 소화설비 설치기준[비상전원 : 45분]

소화설비	수평거리	방수량	방수압력	토출량	수원의 양(Q : m³)
옥내	25m 이하	260 (l/min) 이상	350 (KPa) 이상	N(최대 5개)× 260(l/min)	Q=N(소화전 개수 : 최대 5개)× 7.8m³(260l/min×30min)
옥외	40m 이하	450 (l/min) 이상	350 (KPa) 이상	N(최대 4개)× 450(l/min)	Q=N(소화전 개수 : 최대 4개)× 13.5m³(450l/min×30min)

14 포소화약제의 혼합장치

① 라인 프로포셔너 방식 : 펌프와 발포기의 중간에 설치된 벤추리관의 벤추리 작용에 의하여 포 소화약제를 흡입·혼합하는 방식
② 프레셔 프로포셔너 방식 : 펌프와 발포기의 중간에 설치된 벤추리관의 벤추리 작용과 펌프 가압수의 포 소화약제 저장탱크에 대한 압력에 의하여 포 소화약제를 흡입·혼합하는 방식
③ 펌프 프로포셔너 방식 : 펌프의 토출관과 흡입관 사이의 배관 도중에 설치한 흡입기에 펌프에서 토출된 물의 일부를 보내고, 농도조정밸브에서 조정된 포 소화약제의 필요량을 포 소화약제 탱크에서 펌프 흡입측으로 보내어 이를 혼합하는 방식
④ 프레셔 사이드 프로포셔너 방식 : 펌프의 토출관에 압입기를 설치하여 포 소화약제 압입용 펌프로 포 소화약제를 압입시켜 혼합하는 방식

전기설비의 소화설비

제조소등에 전기설비(전기배선, 조명기구 등은 제외)가 설치된 경우에는 당해 장소의 면적 100m² 마다 소형 수동식 소화기를 1개 이상 설치할 것

소화설비의 적응성

소화설비의 구분		건축물·그 밖의 공작물	전기설비	제1류 위험물 알칼리금속과산화물 등	제1류 위험물 그 밖의 것	제2류 위험물 철분·금속분·마그네슘 등	제2류 위험물 인화성고체	제2류 위험물 그 밖의 것	제3류 위험물 금수성 물품	제3류 위험물 그 밖의 것	제4류 위험물	제5류 위험물	제6류 위험물
옥내소화전설비 또는 옥외소화전설비		○			○		○	○		○		○	○
스프링클러설비		○			○		○	○		○	△	○	○
물분무 등 소화설비	물분무소화설비	○	○		○		○	○		○	○	○	○
	포소화설비	○			○		○	○		○	○	○	○
	불활성가스 소화설비		○				○				○		
	할로겐화합물 소화설비		○				○				○		
	분말소화설비 인산염류 등	○	○		○		○	○			○		○
	분말소화설비 탄산수소염류 등		○	○		○	○		○		○		
	분말소화설비 그 밖의 것			○		○			○				
기타	물통 또는 수조	○			○		○	○		○		○	○
	건조사			○	○	○	○	○	○	○	○	○	○
	팽창진석 또는 팽창진주암			○	○	○	○	○	○	○	○	○	○

※ 'O' : 적응성이 있음, 'Δ' : 경우에 따라 적응성이 있음

17 소화난이도 등급

제조소의 구분	소화난이도 등급 I 의 제조소등	소화난이도 등급 II 의 제조소등
제조소 및 일반취급소	• 연면적 1,000m² 이상인 것 • 지정수량이 100배 이상인 것 • 지면으로부터 6m 이상의 높이에 위험물 취급설비가 있는 것	• 연면적 600m² 이상인 것 • 지정수량 10배 이상인 것
주유취급소	• 주유취급소 직원 외의 자가 출입하는 부분의 면적의 합이 500m²를 초과하는 것	• 옥내주유취급소
옥내저장소	• 연면적 150m²를 초과하는 것 • 지정수량 150배 이상인 것 • 처마 높이가 6m 이상인 단층 건물의 것	• 다층건물 이외의 것 • 지정수량의 10배 이상인 것
옥외 및 옥내탱크저장소 (제6류 위험물 저장시 제외)	• 액표면적이 40m² 이상인 것 • 지반면(옥외탱크) 또는 바닥면(옥내탱크)으로부터 탱크 옆판의 상단까지의 높이가 6m 이상인 것 • 지중탱크, 해상탱크 또는 고체위험물 저장 시 지정수량 100배 이상인 것	• 소화난이도 등급 I 이외의 제조소등
옥외저장소	• 덩어리상태의 유황을 저장하는 것으로서 경계표시 내부면적이 100m² 이상인 것(2 이상의 경계표시는 내부면적의 합)	• 덩어리상태의 유황을 저장하는 것으로서 경계표시 내부의 면적이 5m² 이상 100m² 미만인 것(2 이상의 경계표시는 내부면적의 합)
암반탱크저장소	• 액표면적이 40m² 이상인 것(제6류 위험물 제외) • 고체 위험물만 저장 시 지정수량의 100배 이상인 것	–
이송취급소	• 모든대상	–
판매취급소	–	• 제2종 판매취급소

18 제조소등의 경보설비

❶ 경보설비의 종류

① 자동화재탐지설비
② 비상경보설비
③ 확성장치
④ 비상방송설비

❷ 제조소등의 경보설비 설치기준

제조소 등의 구분	제조소 등의 규모, 저장 또는 취급하는 위험물의 종류 및 최대수량 등	경보설비
1. 제조소 및 일반취급소	• 연면적 500m² 이상인 것 • 옥내에서 지정수량의 100배 이상을 취급하는 것	• 자동화재탐지설비
2. 옥내저장소	• 지정수량 100배 이상을 저장(취급)하는 것 • 저장창고 연면적이 150m²를 초과하는 것 • 처마높이가 6m 이상인 단층건물의 것	
3. 옥내탱크저장소	• 단층 건물 외의 건축물에 설치된 옥내탱크저장소로서 소화난이도 등급 I 에 해당하는 것	
4. 주유취급소	• 옥내주유취급소	
5. 옥외탱크저장소	• 특수인화물, 제1석유류 및 알코올류를 저장 또는 취급하는 탱크의 용량이 1000만L 이상인 것	• 자동화재탐지설비 • 자동화재속보설비
6. 제1호~제5호의 자동화재탐지설비 설치대상에 해당하지 아니하는 제조소 등	• 지정수량 10배 이상(이동저장탱크저장소는 제외)	• 자동 화재 탐지 설비, 비상경보설비, 확성장치, 비상방송설비의 4개 중 1개 이상 설치

❸ 자동화재탐지설비의 설치기준

① 경계구역은 건축물이 2개 이상의 층에 걸치지 않을 것

   (단, 하나의 경계구역 면적이 500m² 이하 또는 계단, 승강로에 연기감지기 설치 시 제외)

② 하나의 경계구역 면적은 600m² 이하로 하고, 한변의 길이가 50m(광전식 분리형 감지기 설치 : 100m)이하로 할 것

   (단, 당해 소방대상물의 주된 출입구에서 그 내부 전체를 볼 수 있는 경우 1,000m² 이하로 할 수 있음)

③ 자동화재탐지설비의 감지기는 지붕 또는 옥내는 천장 윗부분에서 유효하게 화재 발생을 감지할 수 있도록 설치할 것

④ 자동화재탐지설비에는 비상전원을 실치할 것

위험물의 성질과 취급

1 제1류 위험물의 종류 및 지정수량

성질	위험등급	품명	지정수량
산화성고체	I	아염소산염류[$KClO_2$ 등]	50kg
		염소산염류[$KClO_3$ 등]	
		과염소산염류[$KClO_4$ 등]	
		무기과산화물[Na_2O_2 등]	
	II	브롬산염류[$KBrO_3$ 등]	300kg
		질산염류[$NaNO_3$ 등]	
		요오드산염류[KIO_3 등]	
	III	과망간산염류[$KMnO_4$ 등]	1,000kg
		중크롬산염류[$K_2Cr_2O_7$ 등]	

❶ 제1류 위험물의 공통성질

① 불연성, 산소를 포함한 산화성 고체, 열분해시 산소를 발생한다.

② 대부분 무색 또는 백색 분말로 물보다 무겁고 조해성, 수용성이다.(과망간산염류 : 흑자색, 중크롬산염류 : 등적색)

③ 알칼리금속의 과산화물(K_2O_2, Na_2O_2)은 물과 반응시 산소 발생, 산(염산, 초산)과 반응 시 과산화수소(H_2O_2)를 생성한다.

❷ 제1류 위험물의 소화방법

① 다량의 물로 냉각소화 한다.

② 무기(알칼리금속)과산화물은 금수성물질로서 물과 반응 시 발열하므로 마른 모래 등으로 질식소화 한다.(단, 주수소화는 절대엄금)

③ 자체적으로 산소를 함유하고 있어 질식소화는 효과가 없고 다량의 물로 냉각소화 가 효과적이다.

❸ 제1류 위험물의 중요 반응식

물질명	반응식	지정수량
염소산칼륨 $(KClO_3)$	열분해반응식 : $2KClO_3 \xrightarrow{400℃} 2KCl + 3O_2\uparrow$	
염소산암모늄 (NH_4ClO_3)	열분해반응식 : $2NH_4ClO_3 \xrightarrow{100℃} N_2 + Cl_2 + O_2\uparrow + 4H_2O$	
과염소산칼륨 $(KClO_4)$	열분해반응식 : $KClO_4 \xrightarrow{400℃} KCl + 2O_2\uparrow$	
과산화칼륨 (K_2O_2)	열분해반응식 : $2K_2O_2 \xrightarrow{460℃} 2K_2O + O_2\uparrow$ 물과의 반응식 : $2K_2O_2 + 2H_2O \longrightarrow 4KOH + O_2\uparrow$ CO_2와 반응식 : $2K_2O_2 + 2CO_2 \longrightarrow 2K_2CO_3 + O_2\uparrow$ 초산과의 반응식 : $K_2O_2 + 2CH_3COOH \longrightarrow 2CH_3COOK + H_2O_2$ 참고 • 무기과산화물의 열분해 $\longrightarrow$ 산소$(O_2\uparrow)$ 발생 • 무기과산화물 + $\begin{bmatrix} 물(H_2O) \\ 이산화탄소(CO_2) \end{bmatrix} \longrightarrow$ 산소$(O_2\uparrow)$ 발생 ※ 주수소화 및 CO_2 소화 : 절대엄금 • 무기과산화물 + 산 $\longrightarrow$ 과산화수소(H_2O_2) 생성	50kg
질산칼륨 (KNO_3)	열분해반응식 : $2KNO_3 \xrightarrow{400℃} 2KNO_2 + O_2\uparrow$ ※흑색화약원료＝질산칼륨(KNO_3)＋황(S)＋숯(C)	
질산나트륨 $(NaNO_3)$	열분해반응식 : $2NaNO_3 \xrightarrow{380℃} 2NaNO_2 + O_2\uparrow$	
질산암모늄 (NH_4NO_3)	열분해반응식 : $2NH_4NO_3 \xrightarrow{220℃} 2N_2\uparrow + O_2\uparrow + 4H_2O\uparrow$ ※ ANFO폭약원료＝질산암모늄(94%)＋경유(6%) 참고 시험 출제 시 열분해반응식에서 발생하는 기체는 질소, 산소, 그리고 물도 기체(수증기)로 계산할 것	300kg
삼산화크롬 (CrO_3)	열분해반응식 : $4CrO_3 \xrightarrow{250℃} 2Cr_2O_3(삼산화이크롬) + 3O_2\uparrow$	

과망간산칼륨 $(KMnO_4)$	열분해반응식 : $2KMnO_4 \xrightarrow{240℃}$
	      $K_2MnO_4(망간산칼륨) + MnO_2(이산화망간) + O_2\uparrow$
	황산과의 반응식 : $4KMnO_4 + 6H_2SO_4 \longrightarrow$
	      $2K_2SO_4 + 4MnSO_4 + 6H_2O + 5O_2\uparrow$
		1,000kg

2 제2류 위험물의 종류 및 지정수량

성질	위험등급	품명	지정수량
가연성고체	II	황화린$[P_4S_3, P_2S_5, P_4S_7]$	100kg
		적린[P]	
		황[S]	
	III	철분[Fe]	500kg
		금속분[Al, Zn]	
		마그네슘[Mg]	
		인화성고체[고형알코올]	1,000kg

❶ 제2류 위험물의 공통성질

① 가연성고체로서 낮은 온도에 착화하기 쉬운 속연성물질이다.
② 연소속도가 빠르고, 연소 시 유독가스가 발생한다.
③ 철분, 마그네슘, 금속분은 산화가 쉽고, 물 또는 산과 접촉 시 수소(H_2↑)를 발생하며 발열폭발한다.

❷ 제2류 위험물의 적용 조건

① 황 : 순도가 60 중량% 이상으로 순도 측정 시 불순물은 활석 등 불연성물질과 수분에 한한다.
② 철분 : 53마이크로미터의 표준체를 통과하는 것이 50 중량% 미만인 것은 제외한다.
③ 마그네슘 : 직경이 2mm 이상의 막대모양과 2mm의 체를 통과하지 못하는 덩어리 상태는 제외한다.
④ 금속분 : 알칼리금속·알칼리토금속·철 및 마그네슘 외의 금속의 분말로서 150마이크로미터의 체를 통과하는 것이 50 중량% 이상인 것을 말한다.(단, 니켈(Ni)분과 구리(Cu)분은 금속분의 위험물이 아님)
   • 인화성고체 : 고형알코올, 그밖에 1기압에서 인화점이 40℃ 미만인 고체를 말한다.

❸ 제2류 위험물의 소화방법

① 금속분을 제외하고 주수에 의한 냉각소화를 한다.
② 금속분은 마른 모래(건조사)에 의한 피복소화가 좋다.

> **참고** 적린, 유황 : 다량의 주수로 냉각소화한다.

❹ 제2류 위험물의 중요 반응식

물질명	반응식	지정수량
삼황화린(P_4S_3)	연소반응식 : $P_4S_3 + 8O_2 \longrightarrow 2P_2O_5 + 3SO_2 \uparrow$	
오황화린(P_2S_5)	연소반응식 : $2P_2S_5 + 15O_2 \longrightarrow 2P_2O_5 + 10SO_2 \uparrow$ 물과의 반응식 : $P_2S_5 + 8H_2O \longrightarrow 5H_2S \uparrow + 2H_3PO_4$	100kg
적린(P)	연소반응식 : $4P + 5O_2 \longrightarrow 2P_2O_5 \uparrow$ (오산화인:백색연기)	
황(S)	연소반응식 : $S + O_2 \longrightarrow SO_2 \uparrow$	
철(Fe)	산과반응식 : $Fe + 2HCl \longrightarrow FeCl_2 + H_2 \uparrow$ 물과의 반응식 : $2Fe + 3H_2O \longrightarrow Fe_2O_3 + 3H_2 \uparrow$	
마그네슘(Mg)	연소반응식 : $2Mg + O_2 \longrightarrow 2MgO$ 염산과의 반응식 : $Mg + 2HCl \longrightarrow MgCl_2 + H_2 \uparrow$ 물과의 반응식 : $Mg + 2H_2O \longrightarrow Mg(OH)_2 + H_2 \uparrow$ CO_2와의 반응식 : $2Mg + CO_2 \longrightarrow 2MgO + C$	500kg
알루미늄(Al)	연소반응식 : $4Al + 3O_2 \longrightarrow 2Al_2O_3$ 염산과의 반응식 : $2Al + 6HCl \longrightarrow 2AlCl_3 + 3H_2 \uparrow$ 물과의 반응식 : $2Al + 6H_2O \longrightarrow 2Al(OH)_3 + 3H_2 \uparrow$	
아연(Zn)	물과의 반응식 : $Zn + 2H_2O \longrightarrow Zn(OH)_2 + H_2 \uparrow$ 염산과의 반응식 : $Zn + 2HCl \longrightarrow ZnCl_2 + H_2 \uparrow$	

3 제3류 위험물의 종류와 지정수량

성질	위험등급	품명	지정수량
자연발화성 및 금수성물질	I	칼륨[K]	10kg
		나트륨[Na]	
		알킬알루미늄[$(C_2H_5)_3Al$ 등]	
		알킬리튬[C_2H_5Li 등]	
		황린[P_4]	20kg
	II	알칼리금속(K, Na 제외) 및 알칼리토금속[Li, Ca]	50kg
		유기금속화합물[$Te(C_2H_5)_2$ 등](알킬알루미늄, 알킬리튬 제외)	
	III	금속의 수소화물[LiH 등]	300kg
		금속의 인화물[Ca_3P_2 등]	
		칼슘 또는 알루미늄의 탄화물[CaC_2, Al_4C_3 등]	

❶ 제3류 위험물의 공통성질

① 대부분 무기화합물의 고체이다.(단, 알킬알루미늄은 액체)
② 금수성물질(황린은 자연발화성)로 물과 반응 시 발열 또는 발화하고 가연성가스를 발생한다.
③ 알킬알루미늄, 알킬리튬은 공기 중에서 급격히 산화하고, 물과 접촉 시 가연성가스를 발생하여 발화한다.

❷ 제3류 위험물의 소화방법

① 주수소화는 절대엄금, CO_2와도 격렬하게 반응하므로 사용금지한다.
② 마른 모래, 금속화재용 분말약제인 탄산수소염류를 사용한다.
③ 팽창질석 및 팽창진주암은 알킬알루미늄화재 시 사용한다.

❸ 제3류 위험물의 중요 반응식

물질명	반응식	지정수량
칼륨(K)	연소반응식 : $4K + O_2 \longrightarrow 2K_2O$ 물과의 반응식 : $2K + 2H_2O \longrightarrow 2KOH + H_2\uparrow$ 에탄올과의 반응식 : $2K + 2C_2H_5OH \longrightarrow$ $2C_2H_5OK(칼륨에틸레이트) + H_2\uparrow$ ※ 불꽃색상 : 칼륨(K) 보라색, 나트륨(Na) 노란색 　　보호액 : 칼륨, 나트륨-석유류(등유, 경유, 유동파라핀)	
트리메틸알루미늄 $[(CH_3)_3Al]$	연소반응식 : $2(CH_3)_3Al + 12O_2 \longrightarrow Al_2O_3 + 9H_2O + 6CO_2\uparrow$ 물과의 반응식 : $(CH_3)_3Al + 3H_2O \longrightarrow Al(OH)_3 + 3CH_4\uparrow$ (메탄) 메탄올과의 반응식 : $(CH_3)_3Al + 3CH_3OH \longrightarrow$ $Al(CH_3O)_3(알루미늄메틸레이트) + 3CH_4\uparrow$	10kg
트리에틸알루미늄 $[(C_2H_5)_3Al]$	연소반응식 : $2(C_2H_5)_3Al + 21O_2 \longrightarrow 12CO_2\uparrow + Al_2O_3 + 15H_2O$ 물과의 반응식 : $(C_2H_5)_3Al + 3H_2O \longrightarrow Al(OH)_3 + 3C_2H_6\uparrow$ (에탄) 에탄올과의 반응식 : $(C_2H_5)_3Al + 3C_2H_5OH \longrightarrow$ $Al(C_2H_5O)_3(알루미늄에틸레이트) + 3C_2H_6\uparrow$	
메틸리튬(CH_3Li) 에틸리튬(C_2H_5Li) 부틸리튬($C_4H_{10}Li$)	물과의 반응식 : $CH_3Li + H_2O \longrightarrow LiOH + CH_4\uparrow$ (메탄) $C_2H_5Li + H_2O \longrightarrow LiOH + C_2H_6\uparrow$ (에탄) $C_4H_9Li + H_2O \longrightarrow LiOH + C_4H_{10}\uparrow$ (부탄)	
황린(P_4)	연소반응식 : $P_4 + 5O_2 \longrightarrow 2P_2O_5\uparrow$ (오산화인 : 백색연기) ※ 황린은 pH=9인 약알칼리성의 물속에 보관한다. 　・이황화탄소(CS_2)에 잘 녹는다.	20kg
칼슘(Ca)	물과의 반응식 : $Ca + 2H_2O \longrightarrow Ca(OH)_2(수산화칼슘) + H_2\uparrow$	50kg

수소화칼륨(KH) 수소화알루미늄리튬 (LiAlH$_4$)	물과의 반응식 : KH$+$H$_2$O $\longrightarrow$ KOH(수산화칼륨)$+$H$_2$↑ LiAlH$_4$$+$4H$_2$O $\longrightarrow$ LiOH$+$Al(OH)$_3$(수산화알루미늄)$+$4H$_2$↑	
인화칼슘(Ca$_3$P$_2$) 인화알루미늄(AlP)	물과의 반응식 : Ca$_3$P$_2$$+$6H$_2$O $\longrightarrow$ 3Ca(OH)$_2$$+$2PH$_3$↑(포스핀 : 유독성) AlP$+$3H$_2$O $\longrightarrow$ Al(OH)$_3$$+PH_3$↑(포스핀$=$인화수소)	300kg
탄화칼슘(CaC$_2$)	물과의 반응식 : CaC$_2$$+$2H$_2$O $\longrightarrow$ Ca(OH)$_2$$+C_2H_2$↑(아세틸렌) 아세틸렌 연소반응식 : C$_2H_2$$+$2.5O$_2$ $\longrightarrow$ 2CO$_2$$+H_2$O ※ 아세틸렌 연소범위 : 2.5~81%	
탄화알루미늄 (Al$_4$C$_3$)	물과의 반응식 : Al$_4$C$_3$$+$12H$_2$O $\longrightarrow$ 4Al(OH)$_3$$+$3CH$_4$↑(메탄) 메탄의 연소반응식 : CH$_4$$+$2O$_2$ $\longrightarrow$ CO$_2$$+$2H$_2$O ※ 메탄의 연소범위 : 5~15%	

4 제4류 위험물의 종류 및 지정수량

성질	위험 등급	품명		지정수량	지정품목	기타 조건(1기압에서)
인화성 액체	I	특수인화물		50l	• 이황화탄소 • 디에틸에테르	• 발화점 100℃ 이하 • 인화점 $-$20℃ 이하, 비점 40℃ 이하
	II	제1 석유류	비수용성	200l	• 아세톤, 휘발유	인화점 21℃ 미만
			수용성	400l		
		알코올류		400l	• 탄소의 원자수가 C$_1$~C$_3$까지인 포화1가 알코올 (변성 알코올 포함) • 메틸알코올(CH$_3$OH), 에틸알코올(C$_2$H$_5$OH), 프로필알코올(C$_3$H$_7$OH)	
	III	제2 석유류	비수용성	1,000l	• 등유, 경유	인화점 21℃ 이상 70℃ 미만
			수용성	2,000l		
		제3 석유류	비수용성	2,000l	• 중유 • 클레오소트유	인화점 70℃ 이상 200℃ 미만
			수용성	4,000l		
		제4석유류		6,000l	• 기어유, 실린더유	인화점이 200℃ 이상 250℃ 미만
		동식물유류		10,000l	동물의 지육 또는 식물의 종자나 과육으로부터 추출한 것으로 1기압에서 인화점이 250℃ 미만인 것	

❶ 제4류 위험물의 공통성질

① 대부분 인화성액체로서 물보다 가볍고 물에 녹지 않는다.
② 증기의 비중은 공기보다 무겁다.(단, HCN 제외)
③ 증기와 공기가 조금만 혼합하여도 연소폭발의 위험이 있다.
④ 전기의 부도체로서 정전기 축적으로 인화의 위험이 있다.

❷ 제4류 위험물 소화방법

① 물에 녹지 않고 물위에 부상하여 연소면을 확대하므로 봉상의 주수소화는 절대 금한다.(단, 수용성은 제외)
② CO_2, 포, 분말, 물분무 등으로 질식소화한다.
③ 수용성인 알코올은 알코올포 및 다량의 주수소화한다.

❸ 제4류 위험물의 중요 인화점 및 발화점

품명	물질명	인화점	발화점	물질명	인화점	발화점
특수인화물	디에틸에테르 $(C_2H_5OC_2H_5)$	−45℃	180℃	이황화탄소 (CS_2)	−30℃	100℃
	아세트알데히드 (CH_3CHO)	−39℃	185℃	산화프로필렌 (CH_3CHCH_2O)	−37℃	465℃
제1석유류	아세톤 (CH_3COCH_3)	−18℃	538℃	휘발유(가솔린)	−43℃~−20℃	300℃
	벤젠(C_6H_6)	−11℃	562℃	톨루엔 $(C_6H_5CH_3)$	4℃	552℃
	메틸에틸케톤 $(CH_3COC_2H_5)$	−1℃	516℃	피리딘 (C_5H_5N)	20℃	482℃
알코올류	메틸알코올 (CH_3OH)	11℃	464℃	에틸알코올 (C_2H_5OH)	13℃	423℃
제2석유류	초산 (CH_3COOH)	40℃	427℃	클로로벤젠 (C_6H_5Cl)	32℃	593℃
제3석유류	에틸렌글리콜 $[C_2H_4(OH)_2]$	111℃	410℃	아닐린 $(C_6H_5NH_2)$	75℃	538℃
	니트로벤젠 $(C_6H_5NO_2)$	88℃	480℃	글리세린 $[C_3H_5(OH)_3]$	160℃	393℃

❹ 제4류 위험물의 중요 반응식

물질명	반응식	지정수량
디에틸에테르 ($C_2H_5OC_2H_5$)	제조법 : $C_2H_5OH + C_2H_5OH \xrightarrow[140℃\ 탈수]{c-H_2SO_4} C_2H_5OC_2H_5 + H_2O$ ※ 과산화물검출시약 : 요드화칼륨(KI) 10% 수용액(황색변화) 　　과산화물제거시약 : 황산제일철수용액 또는 환원철	50L
이황화탄소 (CS_2)	물과의 반응식 : $CS_2 + 2H_2O \longrightarrow CO_2 + 2H_2S\uparrow$ 연소반응식 : $CS_2 + 3O_2 \longrightarrow CO_2 + 2SO_2\uparrow$ ※ 물속에 보관하여 가연성증기 발생 억제시킴	50L
아세트알데히드 (CH_3CHO)	제조법 : $2C_2H_4 + O_2 \longrightarrow 2CH_3CHO$ 산화반응식 : $2CH_3CHO + O_2 \longrightarrow 2CH_3COOH$ ※ Cu, Hg, Ag, Mg과 접촉 시 중합반응을 하므로 용기에 사용 금함	
벤젠(C_6H_6)	연소반응식 : $2C_6H_6 + 15O_2 \longrightarrow 12CO_2 + 6H_2O$ 제조법 : $3C_2H_2 \xrightarrow[촉매]{Fe} C_6H_6$ ※ 유기화합물($C \cdot H \cdot O$)의 연소반응식 $\begin{bmatrix} C \cdot H \cdot O \\ C \cdot H \end{bmatrix} + O_2 \longrightarrow CO_2 + H_2O$	200L
초산메틸 (CH_3COOCH_3)	제조법 : $CH_3COOH + CH_3OH \xrightarrow[탈수]{c-H_2SO_4} CH_3COOCH_3 + H_2O$ ※ 에스테르화 반응 : $R-COOH + R'-OH$ $\xrightarrow[탈수]{c-H_2SO_4} R-COO-R' + H_2O$	
에틸알코올 (C_2H_5OH)	에틸렌 생성반응 : $C_2H_5OH \xrightarrow[160℃\ 탈수]{c-H_2SO_4} C_2H_4(에틸렌) + H_2O$ 나트륨 금속과의 반응 : $2Na + 2C_2H_5OH \longrightarrow$ 　　　　　　　　　$2C_2H_5ONa(나트륨에틸레이트) + H_2\uparrow$ ※ 알코올의 산화, 환원반응식[산화 : $(-H)$ 또는 $(+O)$, 환원 : $(+H)$ 　또는 $(-O)$] ・ $CH_3OH \underset{환원(+2H)}{\overset{산화(-2H)}{\rightleftharpoons}} H \cdot CHO \underset{환원(-O)}{\overset{산화(+O)}{\rightleftharpoons}} H \cdot COOH$ 　(메틸알코올)　　　　(포름알데히드)　　　　　(포름산=의산) ・ $C_2H_5OH \underset{환원(+2H)}{\overset{산화(-2H)}{\rightleftharpoons}} CH_3CHO \underset{환원(×)}{\overset{산화(+O)}{\rightleftharpoons}} CH_3COOH$ 　(에틸알코올)　　　　(아세트알데히드)　　　　(아세트산=초산)	400L
동식물유류	・건성유 : 요오드값 130 이상 　종류 : 해바라기유, 동유, 아마인유, 정어리기름, 들기름 　※ 암기법 : 해동아정들라 ・반건성유 : 요오드값 100~130 　종류 : 참기름, 옥수수기름, 면실유(목화씨유), 채종유(유채씨유), 　쌀겨기름 ・불건성유 : 요오드값 100 이하 　종류 : 야자유, 동백유, 올리브유, 소기름, 돼지기름, 피마자유, 땅 　콩기름(낙화생유) 　※ 암기법 : 야동보면 모두(올) 소, 돼지처럼 피똥(땅) 싼다. 　┌─────────────────────────────┐ 　│ 참고　요오드값 : 유지 100g에 부가되는 요오드의 g 수　│ 　└─────────────────────────────┘	10,000L

성질	위험등급	품명	지정수량
자기반응성 물질	I	유기과산화물[과산화벤조일 등]	10kg
		질산에스테르류[니트로셀룰로오스, 질산에틸 등]	
	II	니트로화합물[TNT, 피크린산 등]	200kg
		니트로소화합물[파라니트로소 벤젠]	
		아조화합물[아조벤젠 등]	
		디아조화합물[디아조 디니트로페놀]	
		히드라진 유도체[디메틸 히드라진]	
		히드록실아민[NH_2OH]	100kg
		히드록실아민염류[황산히드록실아민]	

❶ 제5류 위험물의 공통성질

① 자체 내에 산소를 함유한 물질로 물보다 무겁고 물에 녹지 않는다.

② 가열, 충격, 마찰 등에 의해 폭발하는 자기반응성(내부연소성) 물질이다.

③ 연소 또는 분해속도가 매우 빠른 폭발성물질이다.

④ 공기 중 장시간 방치 시 자연발화하므로 고체물질은 물에 습면시켜 저장한다.

❷ 제5류 위험물의 소화방법

① 다량의 물로 주수소화한다.

② 자체 내에 산소를 함유하고 있어 질식소화는 효과가 없다.

❸ 제5류 위험물의 중요 반응식

물질명	반응식	지정수량
질산메틸 [CH_3ONO_2]	제조법 : $CH_3OH + HNO_3 \xrightarrow[\text{탈수작용}]{c-H_2SO_4} CH_3ONO_2 + H_2O$ ※ 질산에스테르류(액체) : 질산메틸, 질산에틸, 니트로글리세린, 니트로글리콜[$C_2H_4(ONO_2)_2$]	
니트로글리세린 [$C_3H_5(ONO_2)_3$]	제조법 : $C_3H_5(OH)_3 + 3HNO_3 \xrightarrow[\text{니트로화반응}]{c-H_2SO_4}$ (글리세린)　　(질산) $C_3H_5(ONO_2)_3 + 3H_2O$ 　　(니트로글리세린)　(물) 열분해반응식 : $4C_3H_5(ONO_2)_3 \longrightarrow$ $12CO_2\uparrow + 10H_2O + 6N_2 + O_2$ ※ 니트로글리세린 4몰이 열분해 시 총 29몰(12+10+6+1)의 기체를 발생시킨다.	10kg

| 트리니트로톨루엔
[$C_6H_2CH_3(NO_2)_3$] | 제조법 : 진한황산 촉매하에 톨루엔과 질산을 니트로화 반응시켜 생성한다.

$C_6H_5CH_3 + 3HNO_3 \xrightarrow[\text{탈수}]{c-H_2SO_4} C_6H_2CH_3(NO_2)_3 + 3H_2O$
(톨루엔)　(질산)　　　　　(트리니트로톨루엔)　(물)

열분해반응식 : $2C_6H_2CH_3(NO_2)_3 \longrightarrow$
$12CO\uparrow + 2C + 3N_2\uparrow + 5H_2\uparrow$

※ 고체상태 : 과산화벤조일, 니트로셀룰로오스, 피크린산(트리니트로페놀), 트리니트로톨루엔(TNT) | 200kg |
| 트리니트로페놀(피크린산)
[$C_6H_2OH(NO_2)_3$] | 제조법 : 진한황산 촉매하에 페놀과 질산을 니트로화 반응시켜 생성한다.

$C_6H_5OH + 3HNO_3 \xrightarrow[\text{탈수}]{c-H_2SO_4} C_6H_2OH(NO_2)_3 + 3H_2O$
(페놀)　(질산)　　　　　(피크린산)　　(물)

열분해반응식 : $2C_6H_5OH(NO_2)_3 \longrightarrow$
$4CO_2\uparrow + 6CO\uparrow + 3N_2\uparrow + 2C + 3H_2\uparrow$ | |

❹ 제5류 위험물의 중요한 구조식

물질명	과산화벤조일 $(C_6H_5CO)_2O_2$	니트로글리세린 $C_3H_5(ONO_2)_3$	트리니트로톨루엔 (TNT) $C_6H_2CH_3(NO_2)_3$	트리니트로페놀 (TNP) $C_6H_2OH(NO_2)_3$
품명	유기과산화물	질산에스테르	니트로화합물	니트로화합물
구조식				

6 제6류 위험물의 종류 및 지정수량

성질	위험등급	품명	지정수량
산화성액체	I	과염소산[$HClO_4$]	300kg
		과산화수소[H_2O_2]	
		질산[HNO_3]	
		할로겐간 화합물[BrF_3, IF_5 등]	

❶ 제6류 위험물의 공통성질

① 산소를 함유한 강산화성액체(강산화제)이며 불연성물질이다.

② 분해 시 산소를 발생하므로 다른 가연물질의 연소를 돕는다.

③ 무기화합물로 액비중은 1보다 크고 물에 잘 녹는다.

④ 강산성물질로 물과 접촉 시 **발열**한다.(H_2O_2는 제외)

⑤ 부식성이 강한 강산으로 증기는 유독하다.

❷ 제6류 위험물의 적용 조건

① 과산화수소(H_2O_2) : 농도 36중량% 이상인 것

② 질산(HNO_3) : 비중 1.49 이상인 것

❸ 제6류 위험물의 소화방법

① 마른 모래, CO_2, 인산염류분말소화약제(제3종)를 사용한다.

② 소량화재 시 또는 과산화수소는 다량의 물로 냉각소화한다.

❹ 제6류 위험물의 중요 반응식

물질명	반응식	지정수량
과염소산($HClO_4$)	열분해반응식 : $HClO_4 \longrightarrow HCl + 2O_2 \uparrow$	
과산화수소(H_2O_2)	분해반응식 : $2H_2O_2 \longrightarrow 2H_2O + O_2 \uparrow$ (정촉매 : MnO_2) 히드라진과의 반응식 : $2H_2O_2 + N_2H_4 \longrightarrow 4H_2O + N_2$ ※ 저장용기에 작은 구멍이 있는 마개를 사용하며 분해방지 안정제로 요산, 인산 등을 첨가한다.	
질산(HNO_3)	분해반응식 : $4HNO_3 \xrightarrow{\text{직사광선}}$ $2H_2O + 4NO_2 \uparrow$ (이산화질소 : 적갈색)$+ O_2 \uparrow$ ※ 크산토프로테인반응 : 단백질(피부접촉 시)과 반응시 노란색으로 변한다. • 왕수＝염산(3)＋질산(1)의 부피비로 혼합(금, 백금을 녹임) • 금속의 부동태 : 철(Fe), 니켈(Ni), 알루미늄(Al), 크롬(Cr), 코발트(Co) 등의 금속과 반응 시 산화피막을 형성하며 내부를 보호한다.	300kg

위험물 안전관리 및 기술기준

1 위험물 안전관리법

❶ 둘 이상의 위험물 취급(저장)시 지정수량의 배수 계산

- 지정수량의 배수합 $= \dfrac{\text{A의 저장량}}{\text{A의 지정수량}} + \dfrac{\text{B의 저장량}}{\text{B의 지정수량}} + \cdots\cdots$

  ∴ 지정수량의 배수합계가 1 이상인 경우 : 지정수량 이상의 위험물로 본다.

❷ 예방규정을 정하여야 하는 제조소등

① 지정수량의 10배 이상의 위험물을 취급하는 제조소
② 지정수량의 100배 이상의 위험물을 저장하는 옥외저장소
③ 지정수량의 150배 이상의 위험물을 저장하는 옥내저장소
④ 지정수량의 200배 이상을 저장하는 옥외탱크저장소
⑤ 암반탱크저장소
⑥ 이송취급소
⑦ 지정수량의 10배 이상의 위험물 취급하는 일반취급소

❸ 자체소방대

① 설치대상

- 지정수량의 3,000배 이상의 제4류 위험물을 취급하는 제조소, 일반취급소
- 제4류 위험물의 최대수량이 지정수량의 50만 배 이상을 저장하는 옥외탱크저장소

② 자체소방대에 두는 화학 소방자동차 및 인원

사업소	지정수량의 양	화학소방 자동차	자체소방 대원의 수
제조소 또는 일반취급소에서 취급하는 제4류 위험물의 최대수량의 합계	12만 배 미만인 사업소	1대	5인
	12만 배 이상 24만 배 미만인 사업소	2대	10인
	24만 배 이상 48만 배 미만인 사업소	3대	15인
	48만 배 이상인 사업소	4대	20인
옥외탱크저장소에 저장하는 제4류 위험물의 최대수량	50만 배 이상인 사업소	2대	10인

※ 화학소방자동차 중 포수용액을 방사하는 화학소방자동차 대수는 상기표의 규정대수의 $\dfrac{2}{3}$ 이상으로 한다.

❹ 옥내·옥외저장소에 위험물을 저장할 경우(높이 제한)

① 기계에 의해 용기만을 겹쳐 쌓는 경우 : 6m 이하
② 제4류 위험물 중 제3석유류, 제4석유류, 동식물유류의 용기 : 4m 이하
③ 기타 : 3m 이하

❺ 운반용기 적재방법

① 고체위험물 : 내용적의 95% 이하 수납률
② 액체위험물

- 내용적의 98% 이하 수납률
- 55℃에서 안전공간 유지

③ 제3류 위험물의 운반용기 수납기준

- 자연발화성물질 : 불활성기체 밀봉
- 자연발화성물질 이외 : 보호액 밀봉 또는 불활성기체 밀봉
- 알킬알루미늄 등 ┌ 운반용기 내용적의 90% 이하 수납
　　　　　　　　 └ 50℃에서 5% 이상 안전공간 유지

④ 운반용기 겹쳐 쌓는 높이 제한 : 3m 이하
⑤ 위험물 적재 운반시 조치해야 할 위험물

차광성으로 피복해야 하는 경우	방수성의 덮개를 해야 하는 경우
• 제1류 위험물 • 제3류 위험물 중 자연발화성 물질 • 제5류 위험물 • 제6류 위험물	• 제1류 위험물 중 알칼리금속의 과산화물 • 제2류 위험물 중 철분, 금속분, 마그네슘 • 제3류 위험물 중 금수성물질

※ 위험물 운반 시 차광성 및 방수성 피복을 전부 해야 할 위험물
　 • 제1류 중 알칼리금속의 과산화물 : K_2O_2, Na_2O_2 등
　 • 제3류 중 자연발화성 및 금수성물질 : K, Na, R-Al, R-Li 등

⑥ 유별 위험물의 혼재기준

구분	제1류	제2류	제3류	제4류	제5류	제6류
제1류		×	×	×	×	○
제2류	×		×	○	○	×
제3류	×	×		○	×	×
제4류	×	○	○		○	×
제5류	×	○	×	○		×
제6류	○	×	×	×	×	

※ 이 표는 지정수량의 $\frac{1}{10}$ 이하의 위험물에 대하여는 적용하지 아니한다.

⑦ 운반용기 외부 표시사항
- 위험물의 품명, 위험등급, 화학명 및 수용성(제4류 위험물에 한함)
- 위험물의 수량
- 수납하는 위험물에 따른 주의사항

종류별	구분	운반용기 외부의 주의사항	제조소의 게시판
제1류 위험물 (산화성고체)	알칼리금속의 과산화물	'화기·충격주의', '물기엄금', '가연물접촉주의'	물기엄금
	그 밖의 것	'화기·충격주의' 및 '가연물접촉주의'	없음
제2류 위험물 (가연성고체)	철분, 금속분, 마그네슘	'화기주의' 및 '물기엄금'	화기주의
	인화성고체	'화기엄금'	화기엄금
	그 밖의 것	'화기주의'	화기주의
제3류 위험물	자연발화성물질	'화기엄금' 및 '공기접촉엄금'	화기엄금
	금수성물질	'물기엄금'	물기엄금
제4류 위험물	인화성 액체	'화기엄금'	화기엄금
제5류 위험물	자기반응성 물질	'화기엄금' 및 '충격주의'	화기엄금
제6류 위험물	산화성 액체	'가연물접촉주의'	없음

⑧ 운반용기 운반 시 표지판 설치기준
- 표기 : '위험물'
- 크기 : 0.3m 이상×0.6m 이상인 직사각형
- 색상 : 흑색바탕에 황색반사도료
- 부착위치 : 차량의 전면 및 후면

❻ 위험물 저장탱크

① 탱크의 내용적 계산방법
- 다원형탱크의 내용적

〈양쪽이 볼록한 것〉 ★★★

 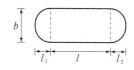

〈한쪽은 볼록하고 다른 한쪽은 오목한 것〉

 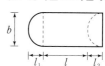

$$\therefore \text{내용적}(V) = \frac{\pi ab}{4}\left(l + \frac{l_1 + l_2}{3}\right) \qquad \therefore \text{내용적}(V) = \frac{\pi ab}{4}\left(l + \frac{l_1 - l_2}{3}\right)$$

- 원통형탱크의 내용적

〈횡으로 설치한 것〉

 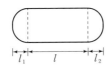

〈종으로 설치한 것〉

$$\therefore 내용적(V)=\pi r^2\left(l+\frac{l_1+l_2}{3}\right)$$

$$\therefore 내용적(V)=\pi r^2 l$$

② 탱크의 용량＝탱크의 내용적－공간용적

③ 탱크의 공간용적

- 일반탱크 : 탱크의 내용적의 $\frac{5}{100}$ 이상 $\frac{10}{100}$ 이하의 용적(5~10%)

- 소화약제 방출구를 탱크 안의 윗부분에 설치한 탱크 : 소화약제 방출구 아래의 0.3m 이상 1m 미만 사이의 면으로부터 윗부분의 용적

- 암반탱크 : 탱크 내에 용출하는 7일간의 지하수의 양에 상당하는 용적과 당해 탱크의 내용적의 $\frac{1}{100}$의 용적 중에서 보다 큰 용적

2 위험물 제조소등의 시설기준

❶ 제조소의 안전거리(제6류 위험물 제외)

건축물의 외벽으로부터 해당 건축물 외벽까지의 수평거리

대상물	안전거리
사용전압 7,000V 초과 35,000V 이하 특고압선	3m 이상
사용전압 35,000V 초과 특고압선	5m 이상
주거용(주택)	10m 이상
고압가스, 액화석유가스, 도시가스의 시설	20m 이상
학교, 병원, 극장, 복지시설	30m 이상
유형문화재, 지정문화재	50m 이상

※ 안전거리 단축 : 불연재료의 담 또는 벽을 설치할 경우

❷ 제조소의 보유공지

취급 위험물의 최대수량	공지의 너비
지정수량의 10배 이하	3m 이상
지정수량의 10배 초과	5m 이상

❸ 제조소 건축물의 구조

① 불연재료 : 벽, 기둥, 바닥, 보, 서까래, 계단
② 지붕 : 가벼운 불연재료로 덮을 것
③ 내화구조 : 연소의 우려가 있는 외벽

❹ 환기설비 및 배출설비

① 환기설비 : 자연배기방식
  • 급기구
    – 바닥면적 150m²마다 면적 800cm² 이상의 것으로 1개 이상 설치할 것
    – 낮은 곳에 설치하고 인화방지망을 설치할 것
  • 환기구의 높이 : 지붕 위 또는 지상 2m 이상
② 배출설비(국소방식) : 강제배기방식
  • 급기구 : 높은 곳에 설치하고 인화방지망을 설치할 것
  • 배출구 높이 : 지상 2m 이상
  • 배출능력
    – 국소방식 : 1시간당 배출장소 용적의 20배 이상
    – 전역방식 : 바닥면적 1m²당 18m³ 이상

❺ 제조소 등에 설치하는 주의사항 표시 게시판(크기 : 0.3m 이상×0.6m 이상)

위험물의 종류	주의사항	게시판의 색상
제1류 위험물 중 알칼리금속의 과산화물 제3류 위험물 중 금수성물질	물기엄금	청색바탕에 백색문자
제2류 위험물(인화성고체는 제외)	화기주의	
제2류 위험물 중 인화성고체 제3류 위험물 중 자연발화성물질 제4류 위험물 제5류 위험물	화기엄금	적색바탕에 백색문자

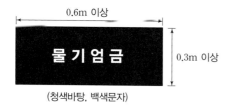

(청색바탕, 백색문자)

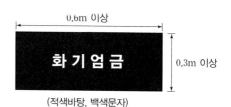

(적색바탕, 백색문자)

❻ 방유제 용량 비교(액체위험물)

구분	위험물 제조소의 취급탱크		옥외탱크저장소
	옥외에 설치시	옥내에 설치시 (방유턱용량)	
하나의 탱크의 방유제 용량	탱크 용량의 50% 이상	탱크 용량 이상	• 인화성 있는 탱크 : 탱크용량의 110% 이상 • 인화성 없는 탱크 : 탱크용량의 100% 이상
2개 이상의 탱크의 방유제 용량	최대 탱크 용량의 50% +나머지 탱크 용량의 합의 10% 이상	최대 탱크 용량 이상	• 인화성 있는 탱크 : 최대용량탱크의 110% 이상 • 인화성 없는 탱크 : 최대용량탱크의 100% 이상

❼ 알킬알루미늄 등, 아세트알데히드 등, 디에틸에테르 등의 저장기준

① 옥외 및 옥내저장탱크 또는 지하저장탱크의 저장 유지온도

위험물의 종류	압력탱크외의 탱크	위험물의 종류	압력탱크
산화프로필렌, 디에틸에테르 등	30℃ 이하	아세트알데히드 등, 디에틸에테르 등	40℃ 이하
아세트알데히드	15℃ 이하		

② 이동저장탱크의 저장유지온도

위험물의 종류	보냉장치가 있는 경우	보냉장치가 없는 경우
아세트알데히드 등, 디에틸에테르 등	비점이하	40℃ 이하

③ 이동저장탱크에 알킬알루미늄 등을 저장하는 경우에는 20KPa 이하의 압력으로 불활성의 기체를 봉입하여 둘 것

(※ 꺼낼 때 200KPa 이하의 압력으로 불활성기체를 봉입할 것)

④ 이동저장탱크에 아세트알데히드 등을 저장하는 경우에는 불활성기체를 봉입하여 둘 것

(※ 꺼낼 때 100KPa 이하의 압력으로 불활성기체를 봉입할 것)

3 옥내저장소

❶ 옥내저장소의 안전거리

① 옥내저장소의 안전거리는 제조소와 동일하다.

② 제외대상
- 제4류 위험물 중 제4석유류와 동식물유류의 지정수량의 20배 미만인 것
- 제6류 위험물의 옥내저장소
- 지정수량의 20배 이하일 때 다음 기준에 적합한 것
  - 저장창고의 벽, 기둥, 바닥, 보 및 지붕이 내화구조인 것
  - 저장창고의 출입구에 수시로 열 수 있는 자동폐쇄방식의 갑종방화문이 설치되어 있을 것
  - 저장창고에 창을 설치하지 아니할 것

❷ 옥내저장소의 보유공지

저장 또는 취급하는 위험물의 최대수량	공지의 너비	
	벽·기둥 및 바닥이 내화구조로 된 건축물	그 밖의 건축물
지정수량의 5배 이하	–	0.5m 이상
지정수량의 5배 초과 10배 이하	1m 이상	1.5m 이상
지정수량의 10배 초과 20배 이하	2m 이상	3m 이상
지정수량의 20배 초과 50배 이하	3m 이상	5m 이상
지정수량의 50배 초과 200배 이하	5m 이상	10m 이상
지정수량의 200배 초과	10m 이상	15m 이상

※ 단, 지정수량의 20배를 초과하는 옥내저장소와 동일한 부지 내에 있는 다른 옥내저장소와의 사이에는 동표에 정하는 공지의 너비의 $\frac{1}{3}$(3m 미만인 경우 : 3m)의 공지를 보유할 수 있다.

❸ 옥내저장소의 저장창고 기준(요약)

① 전용으로 하는 독립된 건축물로 할 것
② 지면에서 처마높이는 6m 미만인 단층건물로 하고 그 바닥은 지반면보다 높게 할 것
③ 제2류 또는 제4류의 위험물만을 저장하는 창고로서 다음 각목의 기준에 적합한 경우에는 처마 높이를 20m 이하로 할 수 있다.
- 벽, 기둥, 보 및 바닥을 내화구조로 할 것
- 출입구에 갑종방화문을 설치할 것
- 피뢰침을 설치할 것(안전상 지장이 없는 경우에는 제외)

④ 저장창고 바닥면적 설치기준

위험물을 저장하는 창고	바닥면적
1. 제1류 위험물 중 아염소산염류, 염소산염류, 과염소산염류, 무기과산화물, 지정수량 50kg인 것[위험등급 I]	1,000m² 이하
2. 제3류 위험물 중 칼륨, 나트륨, 알킬알루미늄, 알킬리튬, 지정수량 10kg인 것 및 황린[위험등급 I]	
3. 제4류 위험물 중 특수인화물, 제1석유류 및 알코올류[위험등급 I, II]	
4. 제5류 위험물 중 유기과산화물, 질산에스테르류, 지정수량 10kg인 것[위험등급 I]	
5. 제6류 위험물[위험등급 I]	
1~5 이외의 위험물	2,000m² 이하
상기위험물을 내화구조의 격벽으로 완전히 구획된 실	1,500m² 이하

⑤ 저장창고의 벽·기둥 및 바닥은 내화구조로 하고, 보와 서까래는 불연재료로 할 것
- 벽, 기둥, 바닥을 불연재료로 할 수 있는 경우
  - 지정수량의 10배 이하의 위험물의 저장창고
  - 제2류 위험물(인화성 고체는 제외)
  - 제4류 위험물(인화점이 70℃ 미만은 제외)만의 저장창고

⑥ 저장창고는 지붕을 폭발력이 위로 방출될 정도의 가벼운 불연재료로 하고, 천장을 만들지 아니할 것
- 지붕을 내화구조로 할 수 있는 경우
  - 제2류 위험물(분상의 것과 인화성 고체는 제외)
  - 제6류 위험물만의 저장창고
- 천장을 난연재료 또는 불연재료로 설치할 수 있는 경우
  - 제5류 위험물만의 저장창고(당해 저장창고 내의 온도를 저온으로 유지하기 위함)

⑦ 저장창고의 바닥은 물이 스며나오거나 스며들지 아니하는 구조로 해야 할 위험물
- 제1류 위험물 중 알칼리금속의 과산화물
- 제2류 위험물 중 철분, 금속분, 마그네슘
- 제3류 위험물 중 금수성물질
- 제4류 위험물

❹ 위험물 저장기준

옥내저장소 또는 옥외저장소에 있어서 유별을 달리하는 위험물을 동일저장소에 저장할 수 없다. 단, 1m 이상 간격을 둘 때는 아래 유별로 정리하여 저장할 수 있다.

① 제1류 위험물(알칼리금속의 과산화물은 제외)과 제5류 위험물을 저장하는 경우

② 제1류 위험물과 제6류 위험물을 저장하는 경우

③ 제1류 위험물과 제3류 위험물 중 자연발화성 물품(황린)을 저장하는 경우

④ 제2류 위험물 중 인화성고체와 제4류 위험물을 저장하는 경우

⑤ 제3류 위험물 중 인화성고체와 제4류 위험물(알킬알루미늄 또는 알킬리튬을 함유한 것에 한함)을 저장하는 경우

⑥ 제4류 위험물 중 유기과산화물과 제5류 위험물 중 유기과산화물을 저장하는 경우

❺ 지정과산화물 옥내저장소의 기준

① 저장창고는 150m² 이내마다 격벽으로 완전히 구획할 것

② 출입구는 갑종방화문을 설치할 것

③ 창은 바닥면으로부터 2m 이상 높이 설치할 것

④ 하나의 벽면에 두는 창의 면적합계는 벽면적의 1/80 이내로 할 것

⑤ 하나의 창의 면적은 0.4m² 이내로 할 것

4 옥외저장소

❶ 옥외저장소에 저장할 수 있는 위험물

① 제2류 위험물 중 유황, 인화성고체(인화점 0℃ 이상인 것)

② 제4류 위험물 중 제1석유류[인화점 0℃ 이상인 것 : 톨루엔(4℃), 피리딘(20℃)], 제2석유류, 제3석유류, 제4석유류, 알코올류, 동식물유류

③ 제6류 위험물

> **참고** • 옥외저장소의 선반높이 : 6m 초과 금지
> • 옥외저장소에 과산화수소 또는 과염소산을 저장할 경우 : 천막으로 햇빛을 가릴 것

❷ 옥외저장소의 보유공지

저장 또는 취급하는 위험물의 최대수량	공지의 너비
지정수량의 10배 이하	3m 이상
지정수량의 10배 초과 20배 이하	5m 이상
지정수량의 20배 초과 50배 이하	9m 이상
지정수량의 50배 초과 200배 이하	12m 이상
지정수량의 200배 초과	15m 이상

※ 제4류 위험물 중 제4석유류와 제6류 위험물을 저장 또는 취급하는 보유 공지는 공지너비의 $\frac{1}{3}$ 이상으로 할 수 있다.

❶ 옥외탱크저장소의 보유공지

저장 또는 취급하는 위험물의 최대수량	공지의 너비
지정수량의 500배 이하	3m 이상
지정수량의 500배 초과 1,000배 이하	5m 이상
지정수량의 1,000배 초과 2,000배 이하	9m 이상
지정수량의 2,000배 초과 3,000배 이하	12m 이상
지정수량의 3,000배 초과 4,000배 이하	15m 이상
지정수량의 4,000배 초과	당해 탱크의 수평단면의 최대지름(횡형인 경우는 긴변)과 높이 중 큰 것과 같은 거리 이상(단, 30m 초과의 경우 30m 이상으로, 15m 미만의 경우 15m 이상으로 할 것)

① 제6류 위험물 외의 옥외저장탱크(지정수량의 4,000배 초과 시 제외)를 동일한 방유제 안에 **2개 이상 인접 설치하는 경우** : 보유공지의 1/3 이상의 너비(단, 최소너비 3m 이상)

② 제6류 위험물의 옥외저장탱크일 경우 : 보유공지의 1/3 이상의 너비(단, 최소너비 1.5m 이상)

③ 제6류 위험물의 옥외저장탱크를 동일구 내에 **2개 이상 인접 설치할 경우** : 보유공지의 1/3 이상×1/3 이상(단, 최소너비 1.5m 이상)

④ 옥외저장탱크에 다음 기준에 적합한 물분무설비로 방호조치 시 : 보유공지의 1/2 이상의 너비(최소 3m 이상)로 할 수 있다.
- 탱크 표면에 방사하는 물의 양 : 원주길이 $37l/m$ 이상
- 수원의 양 : 상기 규정에 의해 20분 이상 방사할 수 있는 양

> 수원의 양(l)＝원주길이$(m)×37(l/min\cdot m)×20(min)$　　[원주길이$＝2\pi r$]

❷ 탱크 통기관 설치기준(제4류 위험물의 옥외탱크에 한함)

① 밸브가 없는 통기관
- 통기관의 직경 : **30mm** 이상일 것
- 통기관의 선단은 수평으로부터 45° 이상 구부려 빗물 등의 침투를 막는 구조일 것
- 인화방지망(장치) 설치기준
  - 인화점이 38℃ 미만인 위험물만의 탱크 : 화염방지장치 설치
  - 그 외의 위험물탱크(인화점이 38℃ 이상) : 40메시 이상의 구리망 설치

② 대기 밸브 부착 통기관
- **5KPa** 이하의 압력차이로 작동할 수 있을 것

❸ 옥외탱크저장소의 방유제(이황화탄소는 제외)

① 방유제의 용량(단, 인화성이 없는 위험물은 110%를 100%로 봄)
- 탱크가 1개일 때 : 탱크 용량의 110% 이상
- 탱크가 2개 이상일 때 : 탱크 중 용량이 최대인 것의 용량의 110% 이상

② 방유제의 두께는 0.2m 이상, 높이는 0.5m 이상 3m 이하, 지하의 매설깊이 1m 이상

③ 방유제의 면적은 80,000m² 이하

④ 방유제 내에 설치하는 옥외저장탱크의 수
- 인화점이 70℃ 미만인 위험물 탱크 : 10기 이하
- 모든 탱크의 용량이 20만l 이하이고, 인화점이 70~200℃ 미만(제3석유류) : 20기 이하
- 인화점 200℃ 이상 위험물(제4석유류) : 탱크의 수 제한 없음

⑤ 방유제 외면의 1/2 이상은 자동차 등이 통행할 수 있는 3m 이상 노면폭을 확보할 것

⑥ 방유제와 옥외저장탱크 옆판과의 유지해야 할 거리
- 탱크 지름 15m 미만 : 탱크높이의 1/3 이상
- 탱크 지름 15m 이상 : 탱크높이의 1/2 이상

⑦ 용량이 1,000만l 이상인 옥외저장탱크의 주위에는 방유제에 탱크마다 간막이 둑을 설치할 것
- 간막이 둑 높이는 0.3m(방유제 내 탱크용량의 합계가 2억l를 넘는 방유제는 1m) 이상으로 하되, 방유제 높이보다 0.2m 이상 낮게 할 것
- 간막이 둑의 용량은 탱크 용량의 10% 이상일 것

⑧ 높이가 1m를 넘는 방유제 및 간막이 둑에는 출입하기 위한 계단 및 경사로를 약 50m마다 설치할 것

---

6 옥내탱크저장소

❶ 옥내탱크저장소의 구조(단층건물에 설치하는 경우)

① 단층 건축물에 설치된 탱크전용실에 설치할 것

② 옥내저장탱크와 탱크전용실의 벽과의 사이 및 옥내저장탱크의 상호 간에는 0.5m 이상의 간격을 유지할 것

❷ 옥내저장탱크의 용량

① 단층 건축물에 탱크전용실에 설치할 경우 : 지정수량의 40배 이하
(단, 제4석유류 및 동식물유류 외의 제4류 위험물은 20,000L 초과 시 20,000L 이하)

② 다층 건축물에 탱크전용실에 설치할 경우
- 1층 이하의 층에 탱크전용실을 설치할 경우 : 지정수량 40배 이하(단, 제4석유류 및 동식물유류 외의 제4류 위험물은 20,000L 초과 시 20,000L 이하)
- 2층 이상의 층에 탱크전용실을 설치하는 경우 : 지정수량 10배 이하(단, 제4석유류 및 동식물유류 외의 제4류 위험물은 5,000L 초과 시 5,000L이하)

❸ 탱크전용실을 단층건물 외의 건축물에 설치 시 옥내저장탱크에 저장(취급)할 수 있는 위험물

① 제2류 위험물 중 황화린, 적린 및 덩어리 유황
② 제3류 위험물 중 황린
③ 제4류 위험물 중 인화점이 38℃ 이상인 위험물
④ 제6류 위험물 중 질산
※ 건축물 1층 또는 지하층에 저장 : ①, ②, ④
건축물의 전층에 저장 : ③

7 지하탱크저장소

❶ 지하저장탱크의 탱크전용실의 구조

① 지하저장탱크는 지면 하에 설치된 탱크전용실에 설치할 것
② 탱크 윗부분(탱크본체)과 지면과의 거리 : 0.6m 이상
③ 탱크를 2 이상 인접해 설치 시 상호 간의 거리 : 1m 이상(단, 용량의 합계가 지정수량 100배 이하 : 0.5m 이상)
④ 탱크의 강철판 두께 : 3.2mm 이상
⑤ 탱크전용실과 대지경계선 또는 지하매설물(벽, 피트, 가스관)과의 거리 : 0.1m 이상
⑥ 탱크와 탱크전용실의 안쪽과의 간격 : 0.1m 이상
⑦ 탱크와 탱크전용실과의 사이 공간 충전물 : 마른 모래 또는 입자지름이 5mm 이하의 마른 자갈분
⑧ 탱크전용실의 벽, 바닥 및 뚜껑의 두께 : 0.3m 이상의 철근콘크리트

❷ 과충전방지장치

탱크용량의 90%가 찰 때 경보임이 울리는 장치(공급차단)

8 간이탱크저장소

① 하나의 간이탱크저장소에 설치하는 간이저장탱크는 그 수를 3 이하로 할 것
   (단, 동일 품질의 위험물의 탱크는 2 이상 설치하지 않을 것)
② 간이저장탱크 용량은 600L 이하일 것
③ 통기관의 지름은 25mm 이상, 선단의 높이는 지상 1.5m 이상으로 할 것

9 이동탱크저장소

❶ 이동저장탱크의 구조

① 탱크 강철판의 두께
   • 탱크 본체, 측면틀, 안전칸막이 : 3.2mm 이상
   • 방호틀 : 2.3mm 이상
   • 방파판 : 1.6mm 이상
② 탱크의 내부 칸막이 : 4,000L 이하마다 1개 설치

※ 내부 칸막이 개수 = $\dfrac{탱크의 용량}{4,000L} - 1$

③ 칸막이로 구획된 각 부분마다 맨홀, 안전장치 및 방파판을 설치할 것
   (단, 용량이 2,000L 미만일 경우에는 방파판 설치 제외)
   • 안전장치의 작동압력
     - 상용압력이 20KPa 이하인 탱크 : 20KPa 이상 24KPa 이하
     - 상용압력이 20KPa 초과인 탱크 : 상용압력×1.1배 이하
④ 맨홀, 주입구 및 안전장치 등이 탱크의 상부에 돌출되어 있는 부속장치의 손상을 방지하기 위한 측면틀 및 방호틀을 설치해야 한다.
   • 측면틀 : 탱크 전복 시 본체 파손 방지
   • 방호틀 : 탱크 전복 시 맨홀, 주입구, 안전장치 등의 부속장치 파손 방지
     - 방호틀의 정상 부분은 부속장치보다 50mm 이상 높게 하거나 동등 이상의 성능이 있는 것으로 할 것

❷ 이동탱크저장소의 주입설비 설치기준

① 주입설비의 길이는 50m 이내로 하고, 그 선단에는 정전기 제거장치를 설치할 것
② 분당 토출량은 200L 이하로 할 것
③ 주입호스의 내경은 23mm 이상이고, 0.3MPa 이상의 압력에 견딜 수 있을 것

❸ 접지도선 설치기준

제4류 위험물 중 특수인화물, 제1석유류 또는 제2석유류에는 접지도선을 설치할 것

10 위험물 취급소[주유취급소, 판매취급소, 이송취급소, 일반취급소]

❶ 주유취급소

① 주유공지 : 너비 15m 이상 길이 6m 이상의 콘크리트로 포장한 공지

② 공지의 바닥 : 지면보다 높게 적당한 기울기, 배수구, 집유설비 및 유분리장치를 설치할 것

③ '주유 중 엔진정지' : 황색바탕에 흑색문자(규격 : 0.3m 이상×0.6m 이상인 직사각형)

④ 주유취급소의 탱크용량 기준

저장탱크의 종류	탱크의 용량	저장탱크의 종류	탱크의 용량
고정주유설비	50,000L 이하	폐유탱크	2,000L 이하
고정급유설비	50,000L 이하	간이탱크	600L×3기 이하
보일러 전용탱크	10,000L 이하	고속국도의 탱크	60,000L 이하

⑤ 고정주유설비 등의 펌프의 최대토출량
  - 제1석유류 : 50L/min 이하
  - 경유 : 180L/min 이하
  - 등유 : 80L/min 이하
  - 이동저장탱크 : 300L/min 이하

⑥ 주유관의 길이 : 5m 이내(현수식 : 지면 위 0.5m, 반경 3m 이내)

⑦ 고정주유설비 설치기준(중심선을 기점한 거리)
  - 도로경계선 : 4m 이상
  - 부지경계선, 담 및 건축물의 벽 : 2m(개구부가 없는 벽 : 1m) 이상

❷ 판매취급소

① 제1종 판매취급소 : 지정수량 20배 이하
  - 설치 : 건축물 1층에 설치할 것
  - 위험물 배합실의 기준
    - 바닥면적은 6m² 이상 15m² 이하일 것
    - 내화구조로 된 벽으로 구획할 것
    - 바닥은 위험물이 침투하지 아니하는 구조로 하여 적당한 경사를 두고 집유설비를 할 것
  - 출입구에는 수시로 열 수 있는 자동폐쇄식의 갑종방화문을 설치할 것
  - 출입구 문턱의 높이는 바닥면으로부터 0.1m 이상으로 할 것

- 내부에 체류한 가연성의 증기 또는 가연성의 미분을 지붕위로 방출하는 설비를 할 것
② 제2종 판매취급소 : 지정수량 40배 이하

❸ 판매취급소에서 위험물을 배합하거나 옮겨담는 작업을 할 수 있는 위험물
① 도료류
② 제1류 위험물 중 염소산염류 및 염소산염류만을 함유한 것
③ 유황 또는 인화점이 38℃ 이상인 제4류 위험물

memo

저자 직강 무료 동영상 강의

아래의 **쿠폰 번호**를 이용하여
동영상 강의를 학습할 수 있습니다.

Y52U5Y344

쿠폰 등록 및 강의 수강 방법

다락원 홈페이지 회원가입 후 이용할 수 있습니다.

1. 다락원 PC 또는 모바일 홈페이지에 로그인해주세요.
2. 마이페이지 – 내 쿠폰함 – 쿠폰번호 입력 후 쿠폰을 등록해주세요.
3. 쿠폰목록에서 쿠폰 확인 후 사용하기 버튼을 클릭해주세요.
4. 내 강의실에서 강의를 수강해주세요.

쿠폰 관련 문의사항

쿠폰(쿠폰은 기한 내 사용, 환불 또는 교환되지 않음)에 대해 궁금한 점은
고객지원팀(02-736-2031, 내선 313, 314)으로 문의바랍니다.

www.darakwon.co.kr

위험물
산업기사

실기

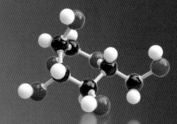